U0247309

1949-2019

新中国气象事业70周年

七十载谱气象华章

新时代书三晋新篇

新中国气象事业 70周年·山西卷

山西省气象局

气象出版社
China Meteorological Press

图书在版编目（ＣＩＰ）数据

新中国气象事业 70 周年 . 山西卷 / 山西省气象局编
著 . -- 北京 : 气象出版社 , 2020.12
　ISBN 978-7-5029-7127-4

　Ⅰ . ①新… Ⅱ . ①山… Ⅲ . ①气象－工作－山西－画
册 Ⅳ . ① P468.2

　中国版本图书馆 CIP 数据核字 (2019) 第 285126 号

新中国气象事业70周年·山西卷
Xinzhongguo Qixiang Shiye Qishi Zhounian · Shanxi Juan

山西省气象局　编著

出版发行： 气象出版社

地　　址： 北京市海淀区中关村南大街46号　　　**邮政编码：** 100081

电　　话： 010-68407112 （总编室）　　　010-68408042 （发行部）

网　　址： http://www.qxcbs.com　　　**E－mail：** qxcbs@cma.gov.cn

策划编辑： 周　露

责任编辑： 张锐锐　吕厚荃　　　　　**终　　审：** 吴晓鹏

责任校对： 张硕杰　　　　　　　　　**责任技编：** 赵相宁

装帧设计： 新光洋（北京）文化传播有限公司

印　　刷： 北京地大彩印有限公司

开　　本： 889 mm×1194 mm 1/16　　　**印　　张：** 10.5

字　　数： 270 千字

版　　次： 2020 年 12 月第 1 版　　　**印　　次：** 2020 年 12 月第 1 次印刷

定　　价： 218.00 元

《新中国气象事业70周年·山西卷》编委会

主　　任： 梁亚春
副主任： 秦爱民　胡　博　刘凌河　王文义　李韬光　胡建军
顾　　问： 郭庆文　郭敬舒　段炯生　李国英
编　　委：（按姓氏笔画排序）
　　　　　　王少俊　史如章　孙爱华　杨培峰　张建新　张继宏

编写组

主　　编： 王少俊
执行主编： 史如章　张建新
副主编： 张向峰　孙爱华　高红涛　段成钢
成　　员： 霍佳宇　杨　柳　张淑萍　李晨光　贺雪梅　杨希卓
　　　　　　李　琳　武雅丽　李　阳

总 序

1949 年 12 月 8 日是载入史册的重要日子。这一天，经中央批准，中央军委气象局正式成立，开启了新中国气象事业的伟大征程。

气象事业始终根植于党和国家发展大局，与国家发展同行共进、同频共振。伴随着国家发展的进程，气象事业从小到大、从弱到强、从落后到先进，走出了一条中国特色社会主义气象发展道路。新中国成立后，我们秉持人民利益至上这一根本宗旨，统筹做好国防和经济建设气象服务。在国家改革开放的大潮中，我们全面加速气象现代化建设，在促进国家经济社会发展和保障改善民生中实现气象事业的跨越式发展。党的十八大以来，我们坚持以习近平新时代中国特色社会主义思想为指导，坚持在贯彻落实党中央决策部署和服务保障国家重大战略中发展气象事业，开启了现代化气象强国建设的新征程。70 年气象事业的生动实践深刻诠释了国运昌则事业兴、事业兴则国家强。

气象事业始终在党中央、国务院的坚强领导和亲切关怀下，与伟大梦想同心同向、逐梦同行。党和国家始终把气象事业作为基础性公益性社会事业，纳入经济社会发展全局统筹部署、同步推进。毛泽东主席关于气象部门要把天气常常告诉老百姓的指示，成为气象工作贯穿始终的根本宗旨。邓小平同志强调气象工作对工农业生产很重要，江泽民同志指出气象现代化是国家现代化的重要标志，胡锦涛同志要求提高气象预测预报、防灾减灾、应对气候变化和开发利用气候资源能力，都为气象事业发展指明了方向，鼓舞着我们奋勇前行。习近平总书记特别指出，气象工作关系生命安全、生产发展、生活富裕、生态良好，要求气象工作者推动气象事业高质量发展，提高气象服务保障能力，为我们以更高的政治站位、更宽的国际视野、更强的使命担当实现更大发展，提供了根本遵循。

在党中央、国务院的坚强领导下，一代代气象人接续奋斗、奋力拼搏，气象事业发生了根本性变化，取得了举世瞩目的成就。

70 年来，我们紧紧围绕国家发展和人民需求，坚持趋利避害并举，建成了世界上保障领域最广、机制最健全、效益最突出的气象服务体系。

面向防灾减灾救灾，我们努力做到了重大灾害性天气不漏报，成功应对了超强台风、特大洪水、低温雨雪冰冻、严重干旱等重大气象灾害，为各级党委政府防灾减灾部署和人民群众避灾赢得了先机。我们建成了多部门共享共用的国家突发事件预警信息发布系统，努力做到重点灾害预警不留盲区，预警信息可在 10 分钟内覆盖 86% 的老百姓，有效解决了"最后一公里"问题，充分发挥了气象防灾减灾第一道防线作用。

面向生态文明建设，我们构建了覆盖多领域的生态文明气象保障服务体系，打造了人工影响天气、气候资源开发利用、气候可行性论证、气候标志认证、卫星遥感应用、大气污染防治保障等服务品牌，开展了三江源、祁连山等重点生态功能区空中云水资源开发利用，完成了国家和区域气候变化评估，组织了四次全国风能资源普查，探索建设了国家气象公园，建立了世界上规模最大的现代化人工影响天气作业体系，人工增雨（雪）覆盖 500 万平方公里，防雹保护达 50 多万平方公里，有力推动了生态修复、环境改善，气象已经成为美丽中国的参与者、守护者、贡献者。

面向经济社会发展，我们主动服务和融入乡村振兴、"一带一路"、军民融合、区域协调发展等国家重大战略，主动服务和融入现代化经济体系建设，大力加强了农业、海洋、交通、自然资源、旅游、能源、健康、金融、保险等领域气象服务，成功保障了新中国成立 70 周年、北京奥运会等重大活动和南水北调、载人航天等重大工程，积极引导了社会资本和社会力量参与气象服务，服务领域已经拓展到上百个行业、覆盖到亿万用户，投入产出比达到 1：50，气象服务的经济社会效益显著提升。

面向人民美好生活，我们围绕人民群众衣食住行健康等多元化服务需求，创新气象服务业态和模式，大力发展智慧气象服务，打造"中国天气"服务品牌，气象服务的及时性、准确性大幅提高。气象影视服务覆盖人群超过 10 亿，"两微一端"气象新媒体服务覆盖人群超 6.9 亿，中国天气网日浏览量突破 1 亿人次，全国气象科普教育基地超过 350 家，气象服务公众覆盖率突破 90%，公众满意度保持在 85 分以上，人民群众对气象服务的获得感显著增强。

70 年来，我们始终坚持气象现代化建设不动摇，建成了世界上规模最大、覆盖最全的综合气象观测系统和先进的气象信息系统，建成了无缝隙智能化的气象预报预测系统。

综合气象观测系统达到世界先进水平。气象观测系统从以地面人工观测为主发展到"天—地—空"一体化自动化综合观测。现有地面气象观测站 7 万多个，全国乡镇覆盖率达到 99.6%，数据传输时效从 1 小时提升到 1 分钟。建成了 216 部雷达组成的新一代天气雷达网，数据传输时效从 8 分钟提升到 50 秒。成功发射了 17 颗风云系列气象卫星，7 颗在轨运行，为全球 100 多个国家和地区、国内 2500 多个用户提供服务，风云二号 H 星成为气象服务"一带一路"的主力卫星。建立了生态、环境、农业、海洋、交通、旅游等专业气象监测网，形成了全球最大的综合气象观测网。

气象信息化水平显著增强。物联网、大数据、人工智能等新技术得到深入应用，形成了"云＋端"的气象信息技术新架构。建成了高速气象网络、海量气象数据库和国产超级计算机系统，每日新增的气象数据量是新中国成立初期的 100 多万倍。新建设的"天镜"系统实现了全业务、全流程、全要素的综合监控。气象数据率先向国内外全面开放共享，中国气象数据网累计用户突破 30 万，海外注册用户遍布 70 多个国家，累计访问量超过 5.1 亿人次。

气象预报业务能力大幅提升。从手工绘制天气图发展到自主创新数值天气预报，从站点预报发展到精细化智能网格预报，从传统单一天气预报发展到面向多领域的影响预报和风险预警，气象预报预测的准确率、提前量、精细化和智能化水平显著提高。全国暴雨预警准确率达到 88%，强对流预警时间提前至 38 分钟，可提前 3 ～ 4 天对台风路径做出较为准确的预报，达到世界先进水平。2017 年中国气象局成为世界气象中心，标志着我国气象现代化整体水平迈入世界先进行列！

70 年来，我们紧跟国家科技发展步伐和世界气象科技发展趋势，大力加强气象科技创新和人才队伍建设，我国气象科技创新由以跟踪为主转向跟跑并跑并存的新阶段。

建立了较为完善的国家气象科技创新体系。我们不断优化气象科技创新功能布局，形成了气象部门科研机构、各级业务单位和国家科研院所、高等院校、军队等跨行业科研力量构成的气象科技创新体系。强化气象科技与业务服务深度融合，大力发展研究型业务。加快核心关键技术攻关，雷达、卫星、数值预报等技术取得重大突破，有力支撑了气象现代化发展。坚持气象科技创新和体制机制创新"双轮驱动"，形成了更具活力的气象科技管理制度和创新环境。气象科技成果获国家自然科学奖 26 项，获国家科技进步奖 67 项。

科技人才队伍建设取得丰硕成果。我们大力实施人才优先战略，加强科技创新团队建设。全国气象领域两院院士 35 人，气象部门入选"千人计划""万人计划"等国家人才工程 25 人。气象科学家叶笃正、秦大河、曾庆存先后获得国际气象领域最高奖，叶笃正获国家最高科学技术奖。一系列科技创新成果和一大批科技人才有力支撑了气象现代化建设。

70 年来，我们坚持并完善气象体制机制、不断深化改革开放和管理创新，气象事业从封闭走向开放、从传统走向现代、从部门走向社会、从国内走向全球。

领导管理体制不断巩固完善。坚持并不断完善双重领导、以部门为主的领导管理体制和双重计划财务体制，遵循了气象科学发展的内在规律，实现了气象现代化全国统一规划、统一布局、统一建设、统一管理，形成了中央和地方共同推进气象事业发展、共同建设气象现代化的格局，满足了国家和地方经济社会发展对气象服务的多样化需求。

各项改革不断深化。坚持发展与改革有机结合，协同推进"放管服"改革和气象行政审批制度改革，全面完成国务院防雷减灾体制改革任务，深入推进气象服务体制、业务科技体制、管理体制等改革，初步建立了与国家治理体系和治理能力现代化相适应的业务管理体系和制度体系，为气象事业高质量发展注入强大动力。

开放合作力度不断加大。与近百家单位开展务实合作，形成了省部合作、部门合作、局校合作、局企合作的全方位、宽领域、深层次国内开放合作格局。先后与 160 多个国家和地区开展了气象科技合作交流，深度参与"一带一路"建设，为广大发展中国家提供气象科技援助，100 多位中国专家在世界气象组织、政府间气候变化专门委员会等国际组织中任职，气象全球影响力和话语权显著提升，我国已成为世界气象事业的深度参与者、积极贡献者，为全球应对气候变化和自然灾害防御不断贡献中国智慧和中国方案。

气象法治体系不断健全。建立了《气象法》为龙头，行政法规、部门规章、地方法规组成的气象法律法规制度体系，形成了由国家、地方、行业和团体等各类标准组成的气象标准体系，气象事业进入法治化发展轨道。

70 年来，我们始终坚持党对气象事业的全面领导，以政治建设为统领，全面加强党的建设，在拼搏奉献中践行初心使命，为气象事业高质量发展提供坚强保证。

70 年来，气象事业发展历程中人才辈出、精神璀璨，有夙夜为公、舍我其谁的开创者和领导者，有精益求精、勇攀高峰的科学家，有奋楫争先、勇挑重担的先进模范，有甘于清苦、默默奉献的广大基层职工。一代代气象人以服务国家、服务人民的深厚情怀，谱写了气象事业跨越式发展的壮丽篇章；一代代气象人推动着气象事业的长河奔腾向前，唱响了砥砺奋进的动人赞歌；一代代气象人凝练出"准确、及时、创新、奉献"的气象精神，激发起干事创业的担当魄力！

70 年的发展实践，我们深刻地认识到，**坚持党的全面领导是气象事业的根本保证**。70 年来，在党的领导下，气象事业紧贴国家、时代和人民的要求，实现健康持续发展。我们坚持以习近平新时代中国特色社会主义思想为指导，增强"四个意识"，坚定"四个自信"，做到"两个维护"，把党的领导贯穿和体现到气象事业改革发展各方面各环节，确保气象改革发展和现代化建设始终沿着正确的方向前行。**坚持以人民为中心的发展思想是气象事业的根本宗旨**。70 年来，我们把满足人民生产生活需求作为根本任务，把保护人民生命财产安全放在首位，把老百姓的安危冷暖记在心上，把为人民服务的宗旨落实到积极推进气象服务供给侧结构性改革等各方面工作，促进气象在公共服务领域不断做出新的贡献。**坚持气象现代化建设不动摇是气象事业的兴业之路**。70 年来，我们坚定不移加强和推进气象现代化建设，以现代化引领和推动气象事业发展。我们按照新时代中国特色社会主义事业的战略安排，谋划推进现代化气象强国建设，确保气象现代化同党和国家的发展要求相适应、同气象事业发展目标相契合。**坚持科技创新驱动和人才优先发展是气象事业的根本动力。**70 年来，我们大力实施科技创新战略，着力建设高素质专业化干部人才队伍，集中攻关制约气象事业发展的核心关键技术难题，促进了气象科技实力和业务水平的不断提升。**坚持深化改革扩大开放是气象事业的活力源泉。**70 年来，我们紧跟国家步伐，全面深化气象改革开放，认识不断深化、力度不断加大、领域不断拓展、成效不断显现，推动气象事业在不断深化改革中披荆斩棘、破浪前行。

铭记历史，继往开来。《新中国气象事业 70 周年》系列画册选录了 70 年来全国各级气象部门最具有历史意义的图片，生动全面地记录了气象事业的发展足迹和突出贡献。通过系列画册，面向社会充分展示了气象事业 70 年来的生动实践、显著成就和宝贵经验；展现了气象事业对中国社会经济发展、人民福祉安康提供的强有力保障、支撑；树立了"气象为民"形象，扩大中国气象的认知度、影响力和公信力；同时积累和典藏气象历史、弘扬气象人精神，能够推动气象文化建设，凝聚共识，汇聚推进气象事业改革发展力量。

在新的长征路上，气象工作责任更加重大、使命更加光荣，我们将以习近平新时代中国特色社会主义思想为指导，不忘初心、牢记使命，发扬优良传统，加快科技创新，做到监测精密、预报精准、服务精细，推动气象事业高质量发展，提高气象服务保障能力，发挥气象防灾减灾第一道防线作用，以永不懈怠的精神状态和一往无前的奋斗姿态，为决胜全面建成小康社会、建设社会主义现代化国家做出新的更大贡献！

中国气象局党组书记、局长：刘雅鸣

2019 年 12 月

前　言

2019 年，是中华人民共和国成立 70 周年，也是新中国气象事业和山西气象事业发展 70 周年。为了向新中国 70 华诞献礼，也为了向各级党政机关及相关部门和社会公众汇报新中国气象事业的发展历程和取得的成绩，中国气象局组织编写出版《新中国气象事业 70 周年》系列画册，山西省气象局负责"山西卷"的编写。

从 1949 年 6 月人民解放军在太原市成立航空气象站至今，山西气象事业已走过了 70 年光辉历程。70 年砥砺奋进，70 年春华秋实，在时光的隧道里，山西气象人留下了数不清的印记，记录着走过的这 70 年。

《新中国气象事业 70 周年·山西卷》以山西气象事业发展 70 年的历程为蓝本，记录山西气象事业在气象业务、气象服务、气象科技创新等方面取得的进展与成果，展现山西气象对经济社会发展和人民福祉安康所做出的有力保障与贡献。画册分为八个章节，涵盖了领导亲切关怀、机构设置、现代气象业务、公共气象服务、气象科技创新、开放与合作、党建与法规建设、精神文明建设八个方面的内容，全方位、多层次、立体化地反映山西气象事业发展的 70 年，集中体现出山西气象工作者"一心一意谋发展、全心全意为人民服务"的发展宗旨和社会责任。

历史车轮滚滚向前，时代潮流浩浩荡荡。面向新时代，新起点，新作为。山西气象干部职工将紧密团结在以习近平同志为核心的党中央周围，高举中国特色社会主义的伟大旗帜，加快推动气象现代化建设，加强气象服务供给侧改革，大力发展智慧气象，拓宽服务领域，丰富服务内涵，更好地满足山西省经济社会发展和公众在生产、生活、生态等方面日益增长的气象服务需要，为全面建成小康社会、实现气象强国、谱写新时代中国特色社会主义山西篇章做出新的更大贡献。

目 录

领导亲切关怀篇

　　不积跬步，无以至千里。山西气象事业 70 年的发展成就来之不易，从 1949 年山西气象事业拉开帷幕，到轰轰烈烈的改革发展，再到砥砺奋进实现跨越发展，山西气象事业的每一次突破都离不开中国气象局和山西省委、省政府的正确领导、关怀和支持。上级领导的要求和期望，时刻激励气象工作者积极进取、克难奋进、不断开创气象工作新局面。

中国气象局领导

　　自山西省气象局成立以来，历届中国气象局领导都十分关注山西气象事业的发展，多次深入山西气象基层一线，对山西基层气象事业进行指导、调研。在中国气象局的坚强领导下，一代代山西气象人接续奋斗、奋力拼搏。

▲ 1958 年 10 月 28 日，中央气象局局长涂长望（右一）在山西省气象局作报告

▲ 1988 年 9 月 5 日，国家气象局局长邹竞蒙（后排中）视察繁峙气象站

▲ 1997 年 3 月 23 日，中国气象局名誉局长邹竞蒙（前排右一）、山西省委书记胡富国（前排右二）等领导视察新建成的气象科技大楼

▲ 1997年3月24日，中国气象局名誉局长、世界气象组织主席邹竞蒙（前排左二）和山西省委书记胡富国（前排左三）共同视察晋中地区气象局，邹竞蒙分别为晋中市气象局和太谷县气象局题词

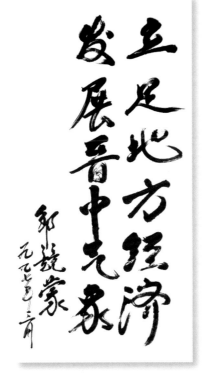

▲ 为晋中气象局题词 　　　　　　　▲ 为太谷气象局题词

◀ 1997 年 3 月 24 日，中
国气象局名誉局长邹竞
蒙（左五）、山西省副
省长王文学（左四）与
地市、县级领导合影

◀ 1997 年 6 月 23 日，中
国气象局局长温克刚（左
三）在拨打太谷县气象
局 121 天气预报，并为
县气象局题词（下图）。

发挥文明示范作用
服务太谷经济建设
温克刚 一九九七年书

2010 年 7 月 20 日，▶
原中国气象局局长温克刚（前排中）在山西文水县气象局调研

2010 年 7 月 23 日，▶
中国扶贫协会副会长、原中国气象局局长温克刚（前排右一）在临汾市气象局指导工作

2002 年 5 月 13 日至 16 ▶
日，中国气象局局长秦大河（前排右一）到山西调研，山西副省长范堆相（前排左一）陪同

◀ 2002 年 5 月 22 日，中国气象局局长秦大河（左三）在定襄气象局视察指导工作

◀ 2010 年 3 月 24 日，中国气象局局长郑国光（前排中）在山西省气象台看望慰问干部职工

2011 年 2 月 14 日，▶
中国气象局局长郑国光
为临汾市气象局送新春
祝词

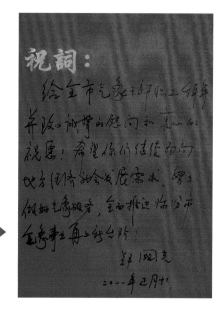

◀ 2013 年 1 月 30 日，中国气象局局长郑国光（前排中）慰问五台山气象站干部职工

◀ 2017 年 6 月 7 日，中国气象局局长刘雅鸣（中）在山西省气候中心调研

◀ 2017 年 6 月 7 日，中国气象局局长刘雅鸣（左二）在山西省气象台调研

▲ 2017 年 6 月 8 日，中国气象局局长刘雅鸣（前排中）在太原市气象局视察指导工作并与职工合影

▲ 2017 年 6 月 8 日，中国气象局局长刘雅鸣（前排左三）在山西文水县气象局调研

2009 年 3 月 11 日，中央纪委驻中国气象局纪检组组长孙先健（中）在大同市气象局调研指导工作

2014 年 1 月 23 日，中央纪委驻中国气象局纪检组组长刘实（前排中）慰问五台山气象站干部职工

2010 年 10 月 29 日，中国气象局副局长王守荣（右二）在山西检查指导工作

2011 年 3 月 26 日，中国气象局副局长许小峰（左一）在山西省出席中国气象报社 2011 年工作会议

2010 年 11 月 2 日，中国气象局副局长宇如聪（中）在山西省气象局调研

2017 年 11 月 4 日中国气象局副局长宇如聪（右二）在山西五台山（中台）气象站慰问指导工作

2017 年 11 月 4 日，▶
中国气象局副局长宇如聪（前排中）在山西五台山气象站慰问指导工作

2010 年 2 月 4 日，中国气象局副局长沈晓农（前排左二）在临汾市气象局检查慰问

◀ 2010 年 2 月 4 日至 6 日，中国气象局副局长沈晓农（右一）到山西省基层气象台站进行慰问调研

2014 年 5 月 5 日，中 ▶
国气象局副局长矫梅
燕（中）在临汾市气
象局调研

▲ 2018 年 9 月 12 日，中国气象局副局长矫梅燕（中）在山西省气象局调研

2018 年 9 月 12 日，中国气象局副局长矫梅燕（前排左二）在山西省气象服务中心调研 ▶

2011 年 3 月 24 日，中国气象局副局长于新文（左二）在吕梁市气象局调研 ▶

2017 年 11 月 12 日，中国气象局副局长于新文（中）在忻州市气象局调研指导工作 ▶

2018 年 5 月 8 日，中国 ▶
气象局副局长余勇（右三）
在忻州市气象局调研

▲ 2019 年 7 月 10 日，中国气象局副局长余勇（前排左三）在太原市气象局
调研第二届全国青年运动会气象保障服务工作

省委省政府领导

　　山西省气象部门积极为地方各级党委、政府提供重要气象报告和决策服务信息，积极开展应对气候变化、防灾减灾、生态文明建设、粮食安全等气象服务工作，为促进地方经济建设和可持续发展做出重要贡献，受到地方各级党委和政府的高度重视，历任省委、省政府领导高度重视气象事业，数次到山西省气象局调研检查，为气象事业发展做出重要指导。省委、省政府领导的亲切关怀和深刻勉励时刻督促着气象工作者奋勇向前，不断开创山西气象工作新局面。

◀ 1993 年 9 月，山西省委书记李立功（前排左一）、省人大主任王庭栋（前排右一）参观山西省农业科技展览气象展区

▲ 1997 年 3 月 24 日，山西省省委书记胡富国（前排左二）为晋中市气象局题词（右图）

◀ 2003 年 5 月 24 日，山西省委副书记、省长刘振华（前排右二）和副省长范堆相（前排左一）到山西省气象局调研

2012 年 8 月 13 日，山西省省长王君（中）、副省长李小鹏（右一）到山西省气象局调研预警信息发布中心建设工作 ▶

◀ 2004 年 2 月 20 日，山西省副省长范堆相（右一）在机场慰问人工增雨机组人员

▲ 2011年1月7日，山西省副省长刘维佳（右一）在省气象局调研

▲ 2012年6月13日，山西省副省长郭迎光（中）到山西省气象局调研指导工作

2012年5月9日，山 ▶
西省政协副主席李雁红（前排左二）到山西省气象局调研指导工作

2019年6月16日，山 ▶
西省副省长胡玉亭（前排右二）参观安全生产日现场宣传活动人工影响天气展区

省部共建

一直以来，山西省气象局始终坚持气象事业是基础性公益事业这一根本宗旨，加强省部共建，合理布局，推动和加速山西气象现代化建设，持续发挥山西气象事业助力地方经济社会发展和保障改善民生的作用。

◀ 2010 年 3 月 24 日，中国气象局与山西省人民政府签署合作共建协议。图为中国气象局局长郑国光（前排左一）与山西省省长王君（前排左二）签署协议

▲ 2017 年 6 月 8 日，中国气象局局长刘雅鸣（左）与山西省长楼阳生（右）签署省部共建合作协议

2002 年 1 月 18 日，原 ▶
中国气象局局长温克刚
（中）、副局长李黄（右
二）向副省长范堆相（左
一）赠送卫星云图资料
和山西地形图

◀ 2010 年 3 月 24 日，中
国气象局局长郑国光（中
左）向山西省省委书记
张宝顺（中右）赠送山
西卫星遥感图

◀ 2013 年 1 月 30 日，
中国气象局局长郑国光
（前排左一）向山西省
省长李小鹏（前排左二）
赠送《中国气象灾害大
典·山西卷》等书籍，郭
迎光副省长（前排右一）
陪同

机构设置篇

　　山西省气象局在中国气象局和山西省人民政府的领导下，根据授权承担本省行政区域内气象工作的政府行政管理职能，组织对重大灾害性天气跨地区、跨部门的联合监测、预报工作，及时提出气象灾害防御措施，并对重大气象灾害做出评估，为各级政府组织防御气象灾害提供决策依据；负责本省行政区域内公众气象预报、灾害性天气警报以及农业气象预报、城市环境气象预报、森林火险气象等级预报等专业气象预报的发布。

省气象局领导

　　山西省气象局成立七十年，七十年栉风沐雨，七十年薪火相传。70 年来，在中国气象局和省委、省政府的正确领导下，省气象局历届党组不忘初心，带领一代代山西气象人奋楫笃行，气象综合实力大幅提升，在服务国家战略，保障山西经济社会发展过程中，谱写出一曲使命担当与奉献的气象篇章。

◀ 1997 年 7 月 15 日，山西省气象局局长霍成福（右二）、晋中地委副书记焦丙英（中）、宣传部部长刘巩（左二）等，出席晋中地区气象局召开的"全区创建文明气象行业动员大会"

◀ 2000 年 11 月，山西省气象局局长霍成福为左权县气象局题词

◀ 2006 年 10 月 19 日，山西省
气象局局长张世英（前左二）、
晋中市委书记王雅安（左一）
视察晋中市气象局

◀ 2013 年 7 月 13 日，山西省
气象局局长杜顺义（右二）在
山西省防汛抗旱指挥部办公室
向山西省副省长郭迎光（右一）
汇报天气情况

◀ 2014 年 10 月 10 日，山西省
气象局局长柯怡明（前排右二）
在临县气象局调研

▲ 山西省气象局现任党组领导班子（党组书记、局长梁亚春，党组成员、副局长秦爱民，党组成员、副局长胡博，党组成员、纪检组长刘凌河，党组成员、副局长王文义）

▲ 2019 年 7 月 30 日，山西省气象局局长梁亚春（左二）在祁县气象局调研

▲ 2017 年 8 月 21 日，山西省气象局副局长秦爱民（右二）在昔阳县气象局调研指导工作

▲ 2019 年 8 月 8 日，山西省气象局副局长胡博（前排右二）在太原市气象局指导第二届全国青年运动会开幕式气象保障服务

▲ 2019 年 9 月 6 日，山西省气象局纪检组组长刘凌河（左二）到山西省气象局核算中心巡察调研

◀ 2019 年 7 月 3 日，山西省气
象局副局长王文义（左三）调
研太原市气象局第二届全国青
年运动会保障工作进展情况

2019 年 1 月 29 日，▶
山西省气象局局一级巡
视员李韬光（左二）为
"2019我们都是追梦人"
省气象局春节联欢会幸
运观众颁发纪念品

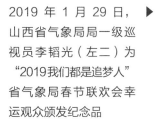

2019 年 8 月 26 日，山 ▶
西省气象局二级巡视员
胡建军（中）到省气候
中心指导巡察工作

组织机构

山西省气象局设立 10 个内设机构，9 个省局直属单位，代管 2 个地方气象事业单位，11 个市级气象局，104 个县级气象局，5 个独立气象站。组织机构不断健全完善，运转机制不断优化，为推进山西气象事业创新高质量发展奠定了重要基础。

山西省气象局

机关处室
- 山西省气象局办公室（应急管理办公室）
- 山西省气象局应急与减灾处
- 山西省气象局观测与网络处
- 山西省气象局科技与预报处（气候变化处）
- 山西省气象局计划财务处
- 山西省气象局人事处
- 山西省气象局政策法规处
- 山西省气象局党组纪检组
- 山西省气象局机关党委办公室（精神文明建设办公室）
- 山西省气象局离退休干部办公室

直属单位
- 山西省气象台（山西省气象决策服务中心）
- 山西省气候中心（山西省农业气象中心、山西省生态气象和卫星遥感中心）
- 山西省气象信息中心（山西省气象档案馆）
- 山西省大气探测技术保障中心（山西省气象技术装备中心）
- 山西省气象服务中心（山西省气象影视中心、山西省专业气象台）
- 山西省气象科学研究所
- 山西省气象灾害防御技术中心
- 山西省气象局财务核算中心
- 山西省气象局机关服务中心
- 山西省人工降雨防雷技术中心
- 山西省气象灾害应急保障中心

各市气象局
- 太原市气象局
- 大同市气象局
- 朔州市气象局
- 忻州市气象局
- 吕梁市气象局
- 阳泉市气象局
- 晋中市气象局
- 长治市气象局
- 晋城市气象局
- 临汾市气象局
- 运城市气象局

现代气象业务篇

　　70年来，在中国气象局和山西省委、省政府的正确领导下，山西省气象局历届党组带领全省气象干部职工，艰苦创业，攻坚克难，推进了全省气象事业的快速发展；建成了地、空、天基相结合的立体化综合气象监测体系，无缝隙、集约化的气象预报业务体系，集地面宽带、移动通信和卫星广播"天地一体化"通信网络系统，多个卫星地面接收站和多种卫星遥感应用系统。气象现代化建设取得了显著成效，业务、科研、服务的综合实力全面增强，为山西社会经济发展、防灾减灾、应对气候变化和生态文明建设做出了较大贡献。

综合气象观测

　　山西省已拥有 109 个国家级气象台站、1 个国家级无人自动观测站、153 个国家级地面天气站、1549 个区域气象观测站，建成了地、空、天基相结合的立体化综合气象监测体系，为天气预报、森林火情监测、农作物长势监测等服务工作的顺利开展提供了大量资料情报，基本满足了气象服务需求。

◀ 20 世纪 50 年代，气象观测员通过防风圈式雨量桶观测雨量

▲ 1959 年，平陆县气象站观测人员学习气象观测技术

▲ 20 世纪 50 年代，平陆县气象站利用自制的气象仪器进行气象观测

▲ 20 世纪 50 年代，平陆县气象局自制的百叶箱　　　　▲ 20 世纪 50 年代，平陆县气象局自制的风向标

◀ 20 世纪 80 年代至 90 年代的气
象报文上传

▲ 1986 年 1 月 1 日，山西省 17 个国家基本站正式启用"地面气象测报程序"，
通过 PC-1500 袖珍计算机编发各类地面气象报，实现编报自动化，结束
了长期以来手工操作的历史

◀ 20 世纪 80 年代，山西装备的
气象卫星资料接收设备

▲ 20 世纪 90 年代中期开始运行的 VSAT
卫星通信系统单收站接收卫星资料

▲ 20 世纪 70 年代开始使用的 "711" 气象
雷达

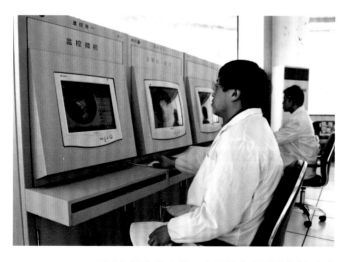

▲ 2002 年 6 月 1 日，山西首台多普勒雷达正式
运行，标志着本省气象现代化进入新阶段

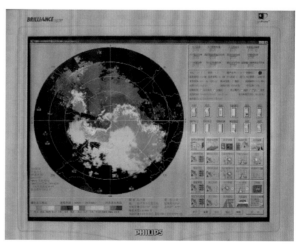

▲ 2003 年 5 月 22 日，第一幅多普勒雷达回波
图接收成功

◀ 2000 年山西省气象技术装备中心研制的风洞风速自动测控装置获得国家发明专利

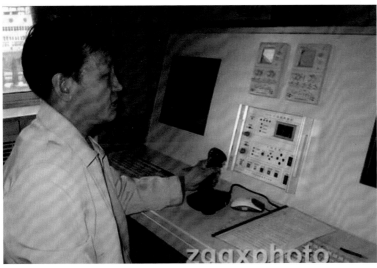

◀ 2008 年 3 月，山西省观象台雷国文研制的自动放球仪获得国家专利，标志着高空探测进入自动化新阶段

施放探空气球进行高空 ▶
探测获取气象资料

▲ 20 世纪 80 年代的山西省气象业务大楼

▲ 1993 年 6 月 8 日，拆除前的山西省气象局综合办公大楼

◀ 1997 年 3 月 23 日，山西气象科技大楼落成

▲ 山西省气象科技大楼及周边环境（2019 年）

▲ 永济市气象局变迁（上：2000 年，下：2017 年）

▲ 垣曲县气象局变迁（上：1983 年，下：2014 年）

▲ 芮城气象局变迁（上：1960 年建站初期办公用房，下：2007 年）

▲ 昔阳县气象局变迁（上：1976 年，下：2017 年）

▲ 侯马市气象局变迁（上：2002 年，下：2014 年）

▲ 介休市气象局变迁（上：旧址，下：2015 年新貌）

▲ 祁县气象局变迁（上：旧址，下：2007 年新貌）

▲ 太谷县气象局变迁（上：旧址，下：2014 年新貌）

▲ 左权县气象局变迁（上：旧址，下：2014 年新貌）

▲ 晋中市榆次区气象局变迁（上：旧址，下：2016 年新貌）

▲ 平顺县气象局变迁（上：1960 年，下：2018 年）

清徐县气象局变迁
（上：1959 年，下：2011 年）

▲ 2001 年 12 月，山西省首个新一代气象雷达塔楼在太原建成，
人工增雨基地初具规模

▶ 2019 年新建成的太原市
新一代多普勒雷达塔楼

◀ 大同市新一代多普勒雷达塔楼

◀ 晋中市气象防灾减灾综合指挥中心

◀ 临汾市多普勒雷达塔楼

▲ 长治市多普勒雷达塔楼

气象预报预测

　　现代气象预报预测业务体系逐步完善，建成从分钟到年的无缝隙、集约化气象预报业务体系和以高分辨率数值模式产品为核心的客观化、精准化技术体系。研发推广应用精细化监测预报预警业务系统和县级综合业务平台，开展精细到乡镇的气象要素预报和短时灾害性天气落区预报预警等业务，可提供针对不同需求的分析产品和数据计算，在防灾减灾救灾、应对气候变化、保障生态文明建设等方面发挥了重要作用。

◀ 20 世纪 50 至 80 年代前，填图员手工填制天气图

▲ 20 世纪 80 年代，山西省气象台研制的自动填图仪

▲ 1959 年，县气象哨值班员通过收音机收听天气预报

20 世纪 60 年代，县气象站 ▶
开展天气会商

▲ 20 世纪 80 年代的天气预报会商室

▲ 2000 年建成的一体化天气预报会商室

2007 年建成的现代化天气预 ▶
报会商室

山西省气象预报综合业务信息 ▶
平台

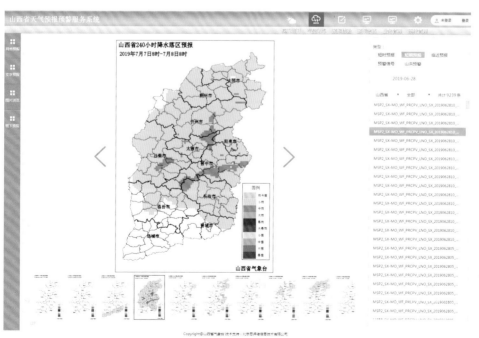

◀ 山西省天气预报预警服务
系统：多种预报预警产品
实时展示窗口 / 功能

山西省智能网格天气预报一体化平台

◀ 多种灾害性天气实时报警提醒——
三级互动提醒界面

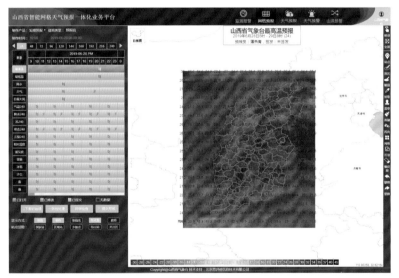

◀ 0 ~ 240 小时多要素无缝隙格点订
正界面

◀ 个性化服务产品快速制作界面

气象信息网络

　　气象信息化快速推进，形成由卫星通信、地面有线、无线辅助通信组成的气象广域网络，建成了集地面宽带、移动通信和卫星广播的"天地一体化"通信网络系统，为全省气象信息共享、资料传输、交换、平台建设、共享资源开发、智能网格气象预报等提供有力保障。

▲ 20 世纪 60 年代，县气象站人员用电台抄收气象广播资料

▲ 20 世纪 70 年代初，气象通讯人员用打字机进行气象电报收发

◀ 20 世纪 70 年代至 80 年代，山西气象部门使用的气象通讯有线电传 55 型打字机

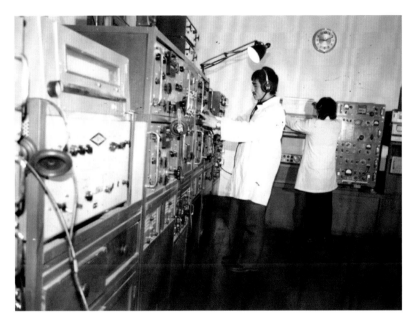

▲ 20 世纪 70 年代至 80 年代，气象通信使用的单边带接收机，承担着气象情报的通讯传输任务

▲ 20 世纪 70 年代至 80 年代使用的无线电莫尔斯广播，承担着气象资料的通讯传输

20 世纪 80 年代，气象科技人员利用 ss-400 型计算机进行资料整编 ▶

▲ 山西省气象信息中心机房，采用智能动态环境监控系统、精密空调、不间断电源、自动消防报警及灭火等设备构建成的绿色、安全、高效、智能的数据中心机房，为山西省气象部门数据计算、信息存储、网络传输等硬件设备正常运行提供安全、温湿调节、电力、消防等物理环境保障。

2019 年，山西省级局域网具备万兆核心交换网络和千兆桌面接入的能力，为全省气象信息共享、资料传输、交换、平台建设、共享资源开发、智能网格气象预报业务等提供有力的技术支撑。

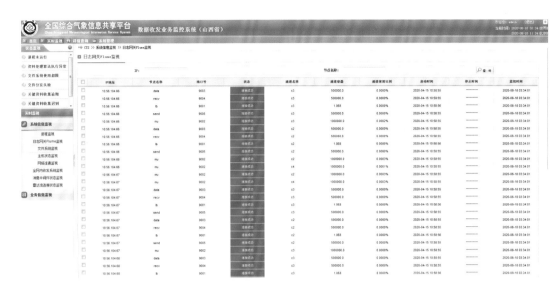

◀ 国内气象通信系统（CTS2.0），
　是国内气象资料和产品收集、以及
　国内外气象资料和产品的国内分发
　的核心业务系统

◀ 全国综合气象信息共享平台（CIMISS），从气
　象数据全业务流程角度，建立了气象数据标准
　化框架，规范了各类数据命名、格式和算法，
　定义了国家级、省级一致的气象数据存储结构
　和数据服务接口，实现了数据同步和实时历史
　数据一体化管理。

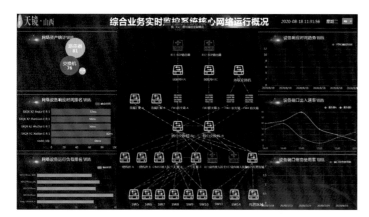

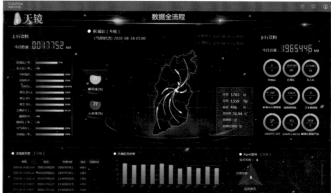

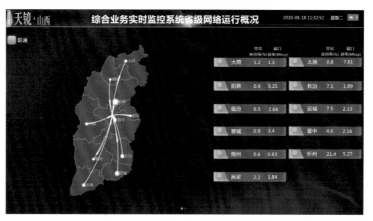

气象综合业务监控及运维保障系统（天镜），通过监控、运维功能的服务化，加强与气象综合业务的对接，进一步提升气象综合业务集中监控运维能力。

气候分析评价

　　气候可行性论证为发展规划把关。针对气候变化敏感行业，开展气候变化影响评估业务，建立气候变化影响评估指标数据集，为重大工程可行性论证提供数据和理论支持。

▶ 太阳能资源评估

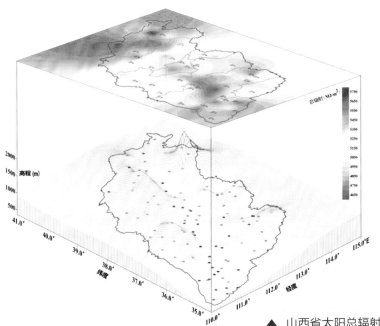

　　2015 年以来，山西省气象局开展山西省太阳能资源评估，建立了山西省太阳能资源评估平台，为山西省进行太阳能的开发利用提供理论性依据。

▲ 山西省太阳总辐射分布状况（闫加海 制作）

◀ 太阳能发电场（曹阳 摄）

▶ 火电厂空气冷却气象条件分析

　　十多年来，山西气象局完成电厂空气冷却项目 30 余项，积累了大量宝贵经验。2012 年，山西省气象局牵头编写了《火电厂空气冷却气象条件分析论证技术指南》。空气冷却气象条件分析通过在火电厂安装气象观测塔，观测厂址的风、温气象要素，分析厂址处的气象条件、大气边界层等，为空气冷却塔设计和布设提供科学合理的依据。（图 / 李晋丰）

▶ 风能资源评估

2007~2011 年，山西省气象局参加了国家发展和改革委员会"全国风能资源详查"项目，在山西省四个风能资源详查区域建立了 8 座测风塔，通过对风能资源详查区的现场观测、数值模拟、综合分析和数据库的建立完成了山西省风能资源详查和评价工作，进一步摸清了山西风能资源及其分布，为风电厂选址、仪器布设等提供了科学的依据。

2005 年建成的梯度风观测站 ▶

◀ 风力发电机

人工影响天气

　　山西人工影响天气工作从艰难起步、探索发展、优化调整到稳步发展，不断壮大。特别是党的十八大以来，人工影响天气工作作为实施乡村振兴战略的重要手段、服务生态文明建设的有效途径、推进防灾减灾救灾的重要载体，服务领域从以农业生产为主向生态文明建设纵深拓展，服务方式从应急响应型作业向常态保障型作业延伸，作业布局更加合理，作业规模日趋扩展，服务经济社会发展和生态文明建设的能力有效提升。

▲ 山西常年租用 3 架运 12 型飞机开展人工增雨作业，年平均增雨量达 30 亿立方米

▲ 太原人工增雨作业飞机整装待发

▲ 2018 年 1 月 22 日，山西省气象局引进的新型人影飞机"国王 350"首次试飞

2018 年，山西省圆满完成人工 ▶
影响天气三年行动计划建设任务，
建成了省、市、县三级人工影响
天气综合作业指挥平台

山西全省各地配备的新型人影作 ▶
业火箭

▲ 2018 年，在省委、省政府的支持下，山西省气象局完成了 100 门人工影响天气
作业用高炮的升级改造，充实了全省人影作业力量，提升了人影装备安全。

▲ 山西省气象部门积极推进全省各地的人工增雨作业装备设施建设，不断提升人工影响天气作业能力和水平。图为晋城市陵川县冶南农业生态园增雨烟炉

▲ 2005 年，晋中市加大人工影响天气作业装备投入，推进全市人工影响天气业务快速发展

▲ 2014年7月25日，晋中市人工影响天气作业人员参加人影装备故障应急处置培训

公共气象服务篇

　　山西省气象局始终坚持科技型、基础性社会公益事业定位，秉承"以人为本、无微不至、无所不在"的公共气象服务理念，面向各领域提供精细化气象服务，基本形成"横向到边、纵向到底"的气象应急管理工作格局；逐步健全气象灾害防御体系，实现气象灾害预警服务全覆盖；持续推进农业气象服务和农村气象灾害防御"两个体系"建设，实现国家级贫困县气象为农服务全覆盖，"直通式"气象服务覆盖82%的新型农业经营主体；生态文明建设气象保障服务取得新进展，初步建立集观测、分析、预报、预警、评估、服务于一体的气象业务体系；气象服务领域进一步拓展，涵盖农业、交通、水利、林业、国土、卫生、旅游、安全生产、应急保障、国防建设等社会经济发展的多个方面，气象防灾减灾和服务能力全面提升，经济效益、社会效益和生态效益十分显著。

重大气象服务

　　随着经济社会快速发展，气象服务面对的需求和要求越来越高，山西省气象部门不断强化业务基础，提升业务服务能力，在新形势下，以习近平总书记视察山西重要讲话精神和习近平总书记对气象工作的重要指示精神为指导，按照"监测精密、预报精准、服务精细"的要求，着力增强服务保障经济社会发展能力，圆满完成多项重大活动气象保障任务，获得了各级政府和活动主办方的表彰和好评。

▲ 2019 年 8 月 8—18 日，中华人民共和国第二届青年运动会在山西太原举行，山西省气象局为本届青年运动会提供了全程气象保障服务。图为山西省气象局气象保障人员在山西省体育中心红灯笼体育场开展现场服务

▲ 2019 年 8 月 6 日，为做好中华人民共和国第二届青年运动会开幕式气象保障服务工作，山西省气象局局长梁亚春（右二）亲临青运会气象保障服务现场，指导气象保障服务工作

全国青年运动会开幕式 ▶

◀ 山西省气象服务人员开展春
运气象服务

◀ 2011年9月26日第六届中
国中部投资贸易博览会在山
西太原开幕，山西省气象部
门为大会提供了重要气象保
障服务

◀ 山西气象部门为每年一度的
太原国际马拉松比赛提供气
象保障服务

◀ 山西气象部门为省运动会提供气象保
障服务

山西气象部门为大型社会 ▶
活动提供气象保障服务

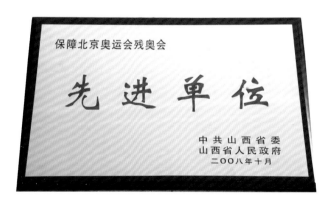

▲ 2008 年山西省气象局被评为保障北京奥运会
残奥会先进单位

▲ 2015 年山西省人工降雨防雹办公室为中国人民
抗日战争暨世界反法西斯战争胜利 70 周年纪念
活动提供保障服务受到表彰

气象防灾减灾

　　山西省气象部门始终把气象防灾减灾放到气象事业发展的突出位置，不断夯实业务基础，推进科技创新，发挥灾害监测、预报、预警的气象防灾主体和优势，强化灾害监测预警、灾害应急、恢复重建等关键阶段的气象保障作用，提升气象灾害综合监测、预警发布、风险防范等能力，切实发挥气象防灾减灾"第一道防线"作用，不断满足社会需求，服务百姓民生，为经济社会发展做出积极贡献。

▶ 突发灾害应急保障服务

▲ 1959 年，隰县气象站开展群众防霜冻灾害工作

▲ 1960 年，晋南地区某红领巾气象哨为农民麦收刊登气象预告

◀ 气象部门开展应急保障气象服务

▲ 2007 年 7 月 29—30 日，山西南部遭受区域性暴雨天气，全省 50 个县市降大雨或暴雨。其中垣曲县 24 小时降雨量高达 303.3 毫米，位于暴雨中心的朱家庄自动雨量站记录 24 小时降雨量为 384.7 毫米，降雨强度和降雨量之大，为该县百年一遇。特大暴雨袭来，省、市、县气象部门密切配合，加强会商，及时向政府和防汛指挥部门提供决策服务，向社会发布预警预报，当地政府和部门紧急启动防汛预案，使得灾害损失大大降低。图为垣曲县被洪水冲断的桥梁

▲ 2009 年 11 月 10 日，太原遭遇大暴雪天气，气象部门准确预报，发布暴雪红色预警，省政府及时启动暴雪气象灾害一级应急预案，紧急做出气象灾害应急部署，为降低暴雪灾害损失发挥重要作用。副省长刘维佳称赞说：预报准确，预警及时，措施有力，服务有效，在应对暴雪灾害中气象部门立了头功，为全省防灾减灾工作赢得了主动权。图为太原街道大树被暴雪压断

◀ 2010 年 3 月 28 日，临汾市王家岭发生煤矿透水事故，气象应急工作队开展现场服务

2012 年 6 月晋中市榆次区发生森林火灾，山西气象部门利用人工影响天气作业飞机从空中侦查火情，为指挥部获取第一手资料 ▶

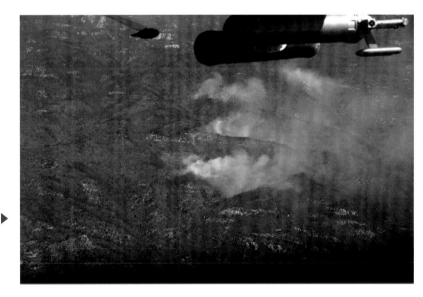

2012 年 6 月 12 日，山西省副省长郭迎光在晋中森林防火指挥部听取省气象局局长杜顺义、副局长张洪涛汇报森林火灾情况 ▶

◀ 2019 年 3 月，山西气象应急人员在
沁源森林火灾现场开展气象观测

▲ 2019 年 3 月 29 日，山西省气象局和长治市气
象局领导参加沁源森林火灾救援服务现场应急会

▲ 山西省气象局和长治市气象局领导赶赴沁源森林
火灾现场

2019 年 3 月 29 日，山西省气 ▶
象局、长治市气象局领导与赴
沁源森林火灾现场的气象应急
人员合影

▲ 晋城市气象局气象应急服务保障人员参加化学品扩散应急演练

2006 年山西省人民政府授予 ▶
山西省气象局防雷减灾工作先
进集体

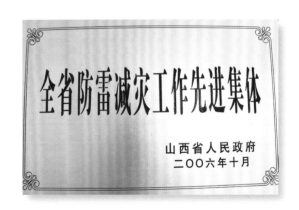

2013 年山西省人民政府森林防 ▶
火指挥部授予山西省气象局森
林防火工作先进单位

▶ 人工增雨防雹

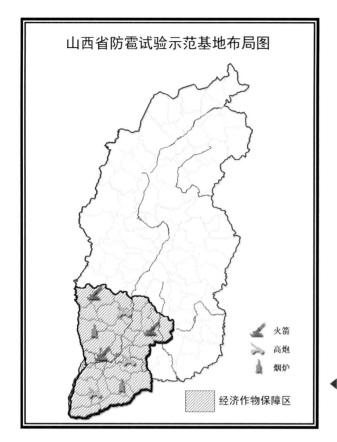

山西省防雹试验示范基地布局图

火箭
高炮
烟炉

经济作物保障区

◀ 山西省防雹试验示范基
地布局

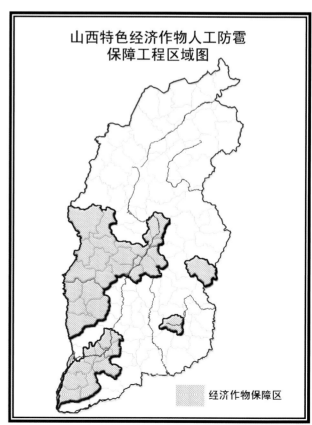

山西特色经济作物人工防雹
保障工程区域图

经济作物保障区

山西经济作物人工防雹工 ▶
程区域分布

山西气象部门开展火箭人工 ▶
增雨作业

2015 春节，晋中市气象局 ▶
抢抓有利时机在全市范围内
组织开展增雪作业

运城市气象部门开展人工增 ▶
雪作业

▶ 气象卫星、航空遥感灾情监测

◀ 风云四号卫星接收站（太原阳曲）

风云四号卫星接收系统 ▶

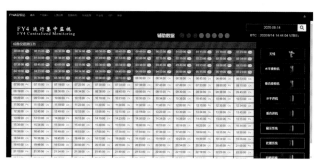

▲ 集中监视

▲ 任务监视

▲ 云图动画

▲ 遥感产品展示

2017 年 3 月 7 日，业务人员 ▶
在汾阳进行冬小麦返青期光谱
观测

◀ 2012 年 5 月 19 日，气象工作人员为
航空遥感辐射定标（临汾）

▲ 2013 年 5 月 3 日，气象工作人员利用无人机拍摄冬小麦长势（洪洞）

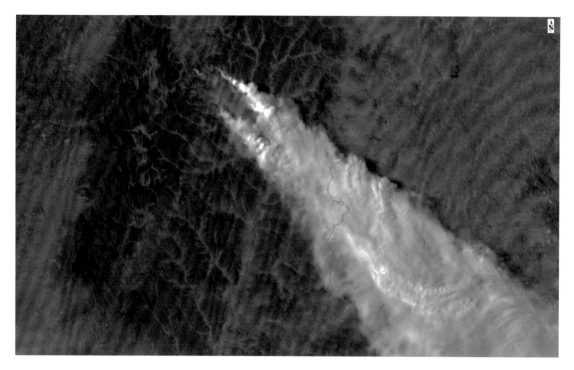

▲ 2019 年 3 月 29 日沁源县大火卫星遥感监测图像

2019 年 3 月 14 日沁源县火灾 ▶
后高分一号卫星遥感影像图

2019 年 3 月 14 日安泽县火灾 ▶
后高分一号卫星遥感影像图

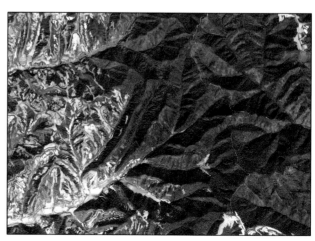

▶ 预警信息发布

◀ 2010 年 8 月 3 日，山西省政府副秘书长、应急办主任孙跃进（左三）主持召开专题会议，协调推进山西省国家突发事件预警信息发布中心平台建设工作

◀ 2011 年 8 月 5 日，国务院应急办常务副主任王守兴（中）调研山西省国家突发事件预警信息发布中心建设工作

◀ 2011 年 8 月 16 日，山西省国家突发事件预警信息发布中心举办首期培训班

2013 年 6 月 13 日，山西省机构编制委员会批复成立山西省国家预警信息发布中心，主要负责山西省灾害预警信息的收集、分析、研判、发布等工作。作为省政府应急预警信息发布工作的专业机构，业务工作受山西省政府应急管理办公室领导，日常运行管理由山西省气象局负责。

公众气象服务

　　山西公众气象服务能力全面发展，从单纯的天气预报逐步拓展为干旱、暴雨（雪）、连阴雨、高温、大风、寒潮、冰冻、沙尘暴、雷电、雾、霾等重大灾害性天气的监测预报预警服务，实现气象信息进农村、进学校、进社区、进企（事）业，个性化定制的气象服务面向山西当地人民生产生活的需求。

▶ 气象服务信息与发布

◀ 山西省天气预报节目制作机房

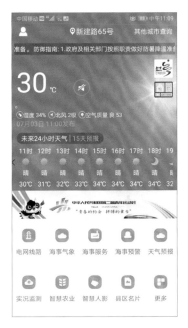

◀ 山西气象 APP 应用平台

◀ 山西气象微信公众号

◀ 山西省气象局官方网站

◀ 中国天气网山西站

山西省气象局微博 ▶

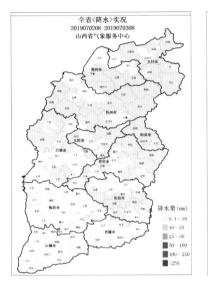

▲ 全省降水量实况产品

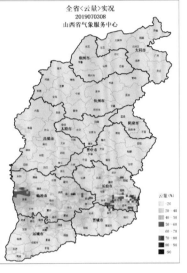

▲ 全省云量实况产品

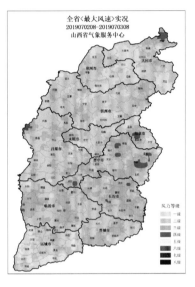

▲ 全省最大风实况产品

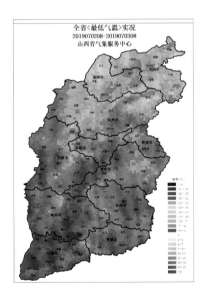

▲ 全省最低气温实况产品

▲ 全省最高气温实况产品

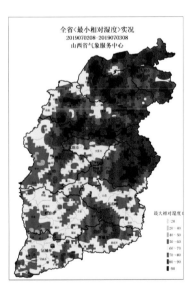

▲ 全省最小相对湿度实况
产品

▶ 专业气象服务

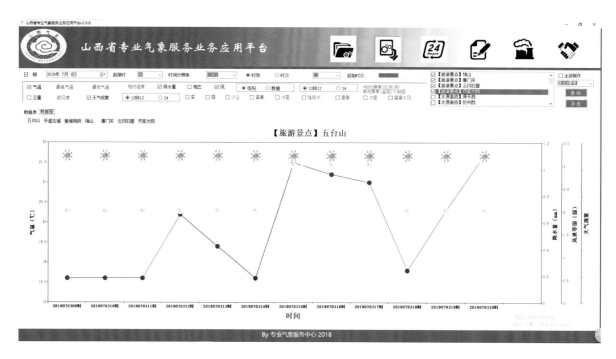

▲ 山西省专业气象服务业务应用平台

气象为企业提供防雷服务 ▶

▲ 气象为煤炭行业服务

▲ 气象为电力行业服务

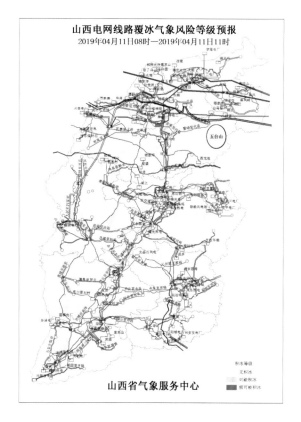

▲ 电力气象服务产品（覆冰）

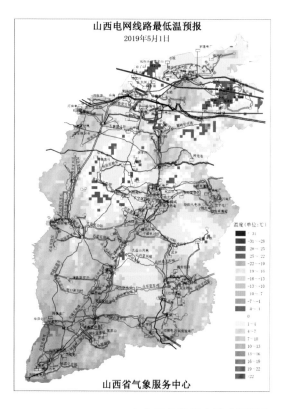

▲ 电力气象服务产品（低温）

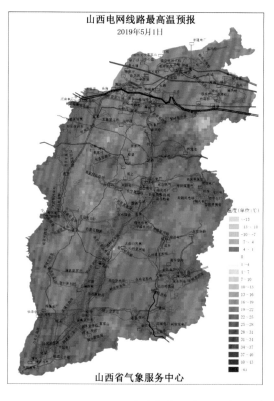

▲ 电力气象服务产品（高温）

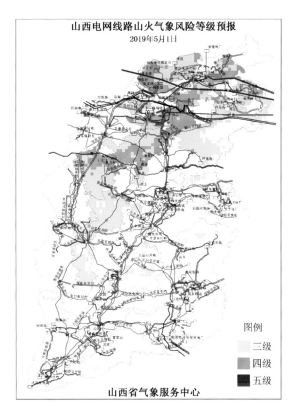

▲ 电力气象服务产品（山火风险等级）

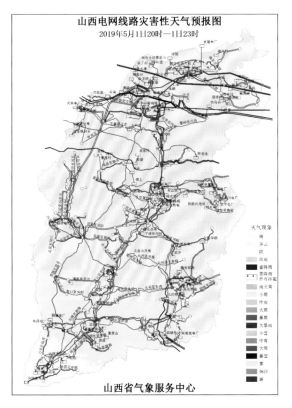

▲ 电力气象服务产品（灾害性天气）

▲ 地方海事局气象服务产品

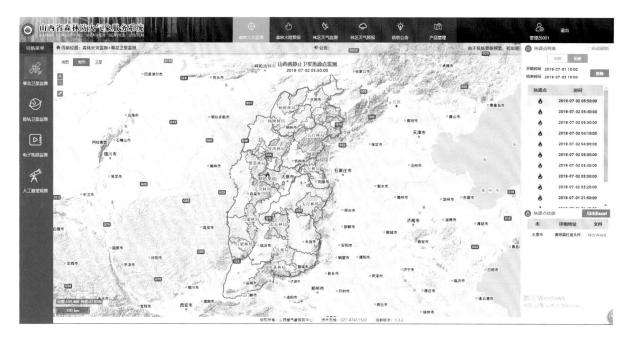

▲ 山西省森林防火气象服务系统

▲ 山西省森林火险气象等级预报产品
（林区）

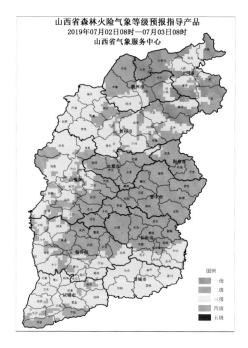

▲ 山西省森林火险气象等级预报县级
指导产品

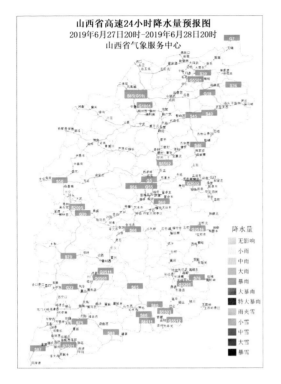

▲ 山西省高速公路沿线气象服务产品

▲ 山西省铁路沿线气象服务产品

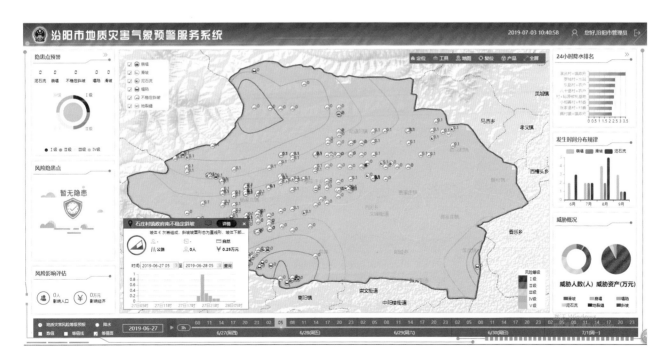

▲ 山西省汾阳市地质灾害气象预警服务系统

气象助力乡村振兴

　　一直以来，山西省气象局紧紧围绕全省"三农"工作大局，把"气象为农服务"作为实施乡村振兴战略的重要手段和有效途径，积极推进"三农"防灾减灾救灾工作，持续推进农业气象服务和农村气象灾害防御"两个体系"建设，服务领域从以农业生产为主向粮食安全、脱贫攻坚、生态文明建设等全方位、常态化、保障型拓展延伸，为助力乡村振兴、脱贫攻坚的做出了积极贡献。

▶ 气象为农服务

▲ 晋中市榆次区石羊坂村气象为农服务示范点

▲ 临汾市曹家庄气象为农服务示范点

▲ 农村气象信息员为农民传递气象信息

乡镇村庄的气象自动观测站 ▶

▲ 设施蔬菜大棚内气象信息电子显示屏

◀ 设施蔬菜大棚内农田小气候观测仪

▲ 2015 年 8 月 28 日，气象工作人员深入广灵县甸顶山黑木耳种植基地开展服务

▲ 2016 年 5 月 17 日，气象工作人员在晋中市东阳镇温室内应用小气候自动观测仪监测富碳对黄瓜及温室内气象条件的影响

2017 年 1 月 11 日，气象 ▶
工作人员在晋中市榆次区番
茄大棚测定植株生长性状

2018 年 7 月 19 日，气象 ▶
工作人员在大同杂粮作物气
象试验站进行马铃薯叶绿素
测定

2018 年 10 月 13 日，气 ▶
象工作人员在大同杂粮作物
气象试验站测定马铃薯产量
要素

◀ 2018 年 10 月 23 日，气
象部门为偏关县桃树种植
大棚安装小气候监测仪器

◀ 气象工作人员在阳城县调
研气候对桑树生长的影响

太原农业气象实验站内温室 ▶
大棚

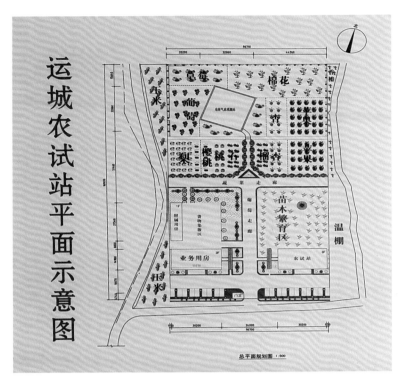

运城农试站平面示意图

◀ 运城农业气象试验站

运城农业气象试验站温棚 ▶

运城市临猗县气象局棉花
试验田 ▶

▶ 气象脱贫攻坚工程建设

◀ 山西省气象局局长梁亚春（右一）到扶贫点调研指导扶贫工作

◀ 山西省气象局副局长秦爱民（上右二）在广灵县梁庄乡水涧村开展驻点工作

▲ 2019 年 6 月 1 日，山西省气象局副局长王文义（右三）代表省气象局向广
　灵县梁庄乡九年制学校捐赠校服，与学校师生共同庆祝"六一"儿童节

▲ 山西省气象局扶贫工作队帮助广灵县梁庄乡水涧村建设的水闸设施

▲ 山西省气象局扶贫工作队帮助广灵县梁庄乡水涧村建设的小米加工厂

◀ 山西省气象局脱贫攻坚工作队帮
助村民清理修整的房屋和院落

◀ 山西省气象局脱贫攻坚工作队帮
助广灵县村水涧村建成的扶贫爱
心超市

山西省气象局扶贫工作队帮 ▶
助广灵县贫困村水涧村小杂
粮注册了商标"水涧小黄
金",委托成都信息工程大
学大气科学学院青年志愿者
协会帮助推广和宣传

◀ 山西省气象局脱贫攻坚
工作队与梁庄乡共同选
派选手组成代表队,参加
广灵县"纪念五四运动
100 周年暨'青春助力
脱贫攻坚'知识竞赛",
取得了团体一等奖的好
成绩

生态气象保障

　　山西省气象局十分重视气象作为生态文明建设的助推作用，多年来致力于生态文明建设高质量气象保障服务，初步建立了集观测、分析、预报、预警、评估、服务于一体的生态气象业务体系。同时，对于汾河流域水生态修复、太行山吕梁山林业生态修复、海河流域水源涵养区修复等积极开展生态修复型人工影响天气服务，大幅提升了生态气象保障服务能力。

▶ 水资源生态系统修复

◀ 2000 年 7 月 8 日，"山西省扩展开发利用空中水资源工程计划"论证会在太原举行

山西省气象部门积极为 ▶ 生态建设提供服务，全省生态建设取得显著成效，碧水蓝天，环境质量大为改善

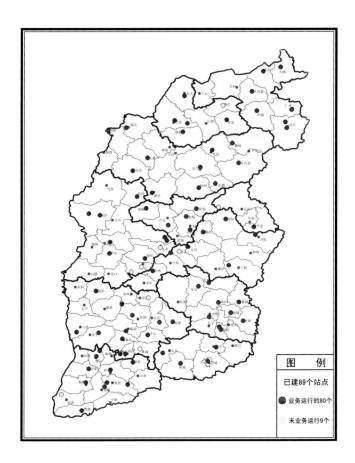

◀ 山西省酸雨气象观测站点分布

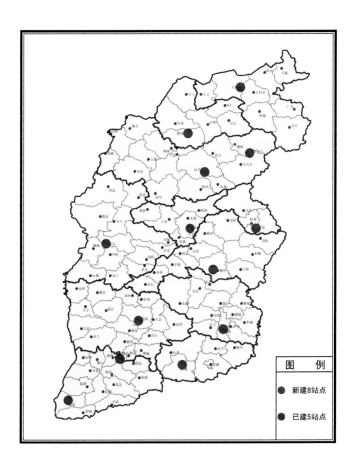

◀ 山西省自动土壤水分站监测站点分布

▲ 汾河源头水源涵养气象保障工程

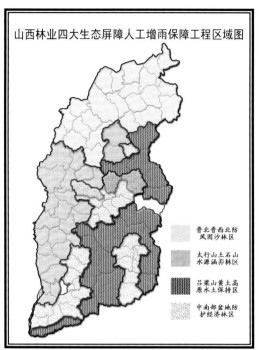

▲ 吕梁－太行山生态恢复气象保障工程

汾河源头六县区人工增雨装
备分布图 ▶

▶ 温室气体、大气成分监测

　　山西有效推进环境气象监测服务体系建设。建立了 6 个温室气体观测站及太原环境监测中心站，建成 13 个颗粒物观测站，与山西省生态环保部门共享全省 11 个区（市）58 个环境监测站的空气质量监测数据和气象数据，逐步开展环境空气质量预报。

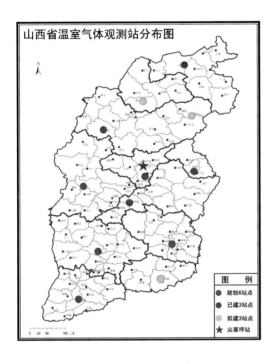

◀ 山西省温室气体观测站分布

◀ 太原环境监测中心站

▲ 温室气体监测（大同站）

▲ 温室气体监测（五台山站）

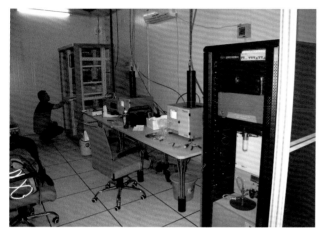

▲ 气溶胶监测（太原站）

▲ 温室气体观测站点仪器

◀ 太阳光度计

◀ 温室气体观测设备

◀ 二氧化碳甲烷
观测仪器

◀ 能见度仪

▶ 沙尘暴监测

◀ 中韩沙尘暴观测站全景
（榆社）

◀ 榆社中韩沙尘暴观测站
室内景

▶ 生态监测

2018年5月《山西省生态气象监测评估分析报告》获山西省领导批示

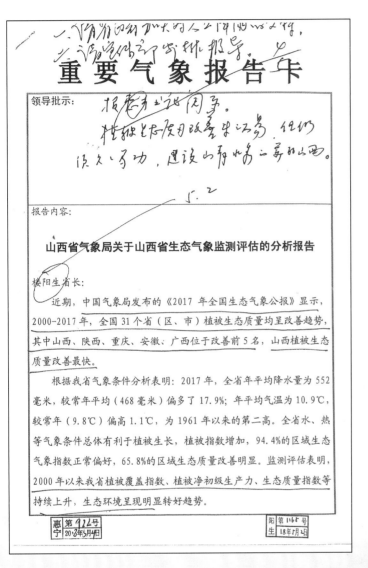

▲ 省委书记骆惠宁批示

▲ 省长楼阳生批示

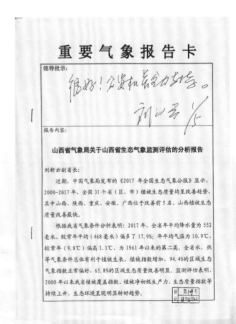

▲ 副省长刘新云批示

109

▲ 2018年5月8日,《山西日报》对生态气象监测评估分析报告的报道

▲ 2018年5月7日,山西省人民政府网站对生态气象监测评估分析报告的报道

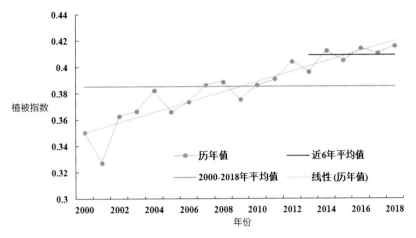

▲ 山西省 2000—2018 年逐年平均植被指数变化图

▲ 山西省 2001—2018 年植被
指数变化趋势分布图

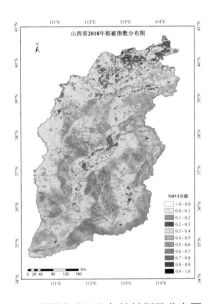

▲ 山西省 2018 年植被指数分布图

山西省 2018 年植被指数距 ▶
平分布图

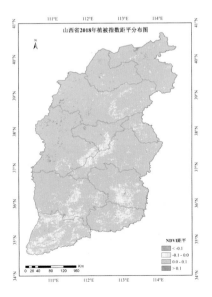

气象科技创新篇

发展是第一要务，人才是第一资源，创新是第一动力。山西省气象局坚持科技创新和制度创新"双轮驱动"，以问题为导向，以需求为牵引，在实践载体、制度安排、环境营造上下功夫，积极引进专业技术人才，狠抓人才培养，多措并举壮大高素质、高层次人才队伍，持续不断地提升创新体系整体效能。建成 20 多个气象科普馆和大型公共场所中的气象科普展区、7 个国家级科普基地、45 个省级科普基地、105 个校园气象站、140 多个基层气象防灾减灾社区（乡镇）科普场所。气象科研硕果累累，截至 2019 年，山西省气象部门获得全国科学大会奖 2 项、国家科技进步奖 2 项、省级科技成果奖 67 项。

气象科技发展

改革开放以来，山西气象科学技术得到了迅速的发展，整体水平有了长足的进步，已形成了气象科学技术基础性研究、高新技术研究和应用开发研究体系。全省气象部门获得全国科学大会奖 2 项、国家科技进步奖 2 项、省级科技成果奖 67 项，气象科技研究硕果累累。

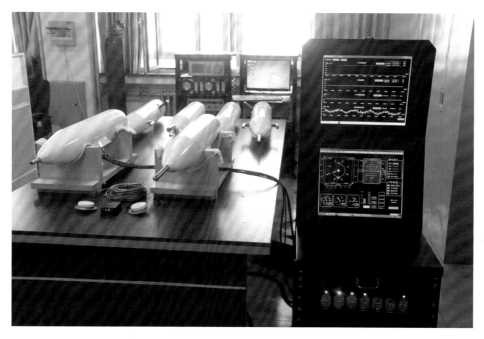

◀ 2017 年，山西省气象局成功研制了人工影响天气飞机综合大气参数处理系统及数据处理平台，填补了国内在该领域的空白

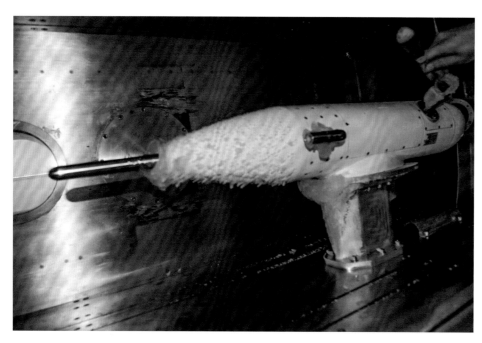

◀ 人工影响天气飞机综合大气参数采集处理系统进行冰风洞实验

挂载在机翼下方的综合处理 ▶
系统吊仓

挂载在机翼下方的综合大气 ▶
参数采集处理系统

科技人才培养

　　科技创新，人才先行。长期以来，山西省气象局党组始终高度重视气象教育培训工作，将气象教育培训作为气象事业发展的重要工作，坚持实施人才强局战略，加大在职职工学历教育力度，开展非气象专业本科毕业生气象基础知识培训、局校合作以及访问进修，推进气象人才教育培训体系建设，加快高层次人才队伍建设。

▲ 山西省气象干部培训学院的前身为山西省气象学校，成立于 1956 年 7 月，1992 年 5 月改制为山西省气象干部培训中心，2016 年 8 月更名为山西省气象干部培训学院。在中国气象局各级领导和山西省气象局领导的支持下，2017 年 8 月，国家级人工影响天气培训基地在山西省气象干部培训学院挂牌成立

▲ 多功能教室

▲ 预报会商演练室

人工影响地面作业装备训练场 ▶

综合气象观测实习教室 ▶

▲ 信息化培训教室

▲ 2018 年 11 月 4 日，气象行业人工影响天气职业技能竞赛在山西举行

2018 年 11 月 5 日，气象行业人工影响天气职业技能竞赛装备操作考试 ▶

2018 年 9 月 14 日，第五届海河流域天气气候预报预测技术交流会在山西召开 ▶

◀ 2011 年 9 月 28 日，山西省天气预报业务技能竞赛

2018 年 8 月 28 日，山西省县级综合气象业务职业技能竞赛装备技术保障考试现场 ▶

◀ 2018 年 8 月 29 日，山西省县级综合气象业务职业技能竞赛监测预警服务上机考试现场

气象科学普及

　　科技创新、科学普及是实现创新发展的两翼，山西省气象局作为主要的职能部门，时刻把普及科学知识、弘扬科学精神、传播科学思想、倡导科学方法作为义不容辞的责任，积极在全省推动和参与气象科普馆和大型公共场所中的气象科普展区的建设。

▲ 2012 年，长治市气象科技园暨长治气象科技馆落成，山西省人大副主任郭海亮，长治市委书记田喜荣以及中国气象局、山西省委宣传部、省气象局、省科协、省总工会，长治市人大、市政府、市政协等有关单位领导出席落成仪式剪彩

◀ 小学生参观长治气象科技馆

◀ 世界气象日科普宣传

◀ 气象科普进校园（太原科技大学）

▲ 气象科普进校园（太原第十五中学）

▲ 气象科普进校园（小学）

◀ 学生制作气象观测站模型

▲ 太原实验小学气象站

▲ 长治市第五中学校园气象站

▲ 幼儿园小朋友体验播报天气预报

▲ 小学生体验播报天气预报

▲ 开展气象科技下乡活动

▲ 2012 年 3 月 20 日，山西省气象局在寿阳县宗艾镇举行气象科普大篷车"三晋农村行"启动仪式

▲ 开展气象科技下乡活动

▲ 气象工作人员向群众介绍雷电灾害防御知识

◀ 气象防灾减灾志愿者进
社区、进乡村

◀ 气象科普宣传进乡村，
两位老农探讨气象知识

开放与合作篇

古有"丝绸之路"，今有"一带一路"。时代在变，但开放与合作的主题不变，坚持改革开放、实现合作共赢的初心不变。多年来，山西省气象局积极参与国际、国内气象科技合作交流，推进省部共建，部门联建，强化与兄弟省（区、市）气象部门、高等院校的业务技术交流，在提升核心能力建设，拓展新业务和开发新技术上，互学互鉴、互利互赢，有效地推进了现代气象业务的发展。

对外交流

"一花独放不是春，百花齐放春满园"。多年来，山西省气象局积极参与国际、国内气象科技合作交流，坚定文化自信，推动文明交流互鉴，在拓展新业务和开发新技术上，互学互鉴、互利互赢。

1986 年，荷兰国家气象局局长菲郁耐特博士等四位气象专家访问山西，并进行学术交流。图为山西省副省长白清才（左四）接见荷兰客人

1998 年 10 月 26 日，中国和挪威国家合作项目《山西省煤烟型空气污染综合防治规划》在太原签署。挪威专家一行三人在山西省气象局考察

2006 年 10 月，美国滴 ▶
谱测量技术（DMT）公
司技术人员来山西进行
机载云物理探测设备的
技术培训

2011 年 5 月 15 日，伊 ▶
朗人工增雨专家到山西省
气象局进行参观访问

部门合作

深化务实合作，发挥气象效益最大化。与安监、国土、水利、交通、煤炭、地震、测绘等省内外其他部门建立了长期有效的合作关系，助力农业、交通、旅游、生态等各个方面持续健康地发展。

◀ 2006 年 7 月 5 日，山西省气象局与山西省地震局签订合作协议

2012 年 11 月 21 日，▶ 山西省气象局与山西省旅游局签署合作协议

▲ 2012年6月26日，山西省气象局和中国联通山西省分公司合作，推进全省农村气象灾害防御体系建设，提升农村气象灾害防御能力。图为长治市气象大喇叭村村通工程首播仪式

▲ 2012年9月17日，中央电视台山西记者站与山西省气象局签署合作协议

▲ 2013 年 12 月 24 日，太原市政府与山西省气象局签订合作协议共同推进太原建成一流省会城市

▲ 2018 年 8 月 16 月，山西省气象局与企业签署合作协议，推进山西地空气象观测事业创新发展

▲ 2019 年 6 月 20 日，新疆昌吉州气象局代表与山西省气象局代表座谈

党建与法规建设篇

　　山西省气象局坚持党要管党、从严治党的优良传统，全面推进党的政治建设、思想建设、组织建设、作风建设和纪律建设，把制度建设贯穿其中，大力加强法制建设，健全气象法律法规体系，切实履行气象服务和社会监管职能，推动气象事业依法发展，先后出台多部条例和办法，为气象事业健康发展提供了重要保障。

党建和党风廉政建设

从山西省气象局创建伊始，就始终坚持和加强党的全面领导，把党的政治建设摆在首位，持续加强党的执政能力建设、先进性和纯洁性建设，整体推进党的思想建设、组织建设、作风建设、纪律建设、制度建设，全面提高党的建设科学化水平，推进全面从严治党向纵深发展。

◀ 山西省气象部门组织召开"七一"党课报告会

▲ 2016年8月，山西省气象局组织党章党规知识竞赛，省气象局局长柯怡明（前排左五）与选手合影

▲ 山西省气象局组织党章党规知识竞赛

2016 年 7 月 1 日，山 ▶
西省气象局副局长张洪
涛带领受表彰党员重温
入党誓词

◀ 2017 年 3 月 1 日，山西省气象部
门党建纪检工作会议在太原召开

◀ 山西省气象局举办县气象局党支部
书记学习党的十九大精神轮训班

▲ 2016 年 3 月，山西省气象局举办直属机关党支部书记培训期间，组织各
党支部书记到山西煤炭地质物探测绘院参观学习党建工作规范化管理

▲ 2016 年 7 月 28 日，山西省气象局举办全省气象部门"践行核心价值
观·同心共筑中国梦"演讲比赛

▲ 2018年6月山西省气象局开展党风廉政建设宣传月活动，省局党组书记、局长柯怡明（右二）带领干部职工参观晋中廉政建设警示教育基地

气象法规建设

　　依法发展气象事业是依法治国的有机组成部分，是依法行政、实施科学管理、切实履行气象服务和社会监管职能，在社会主义市场经济条件下发展气象事业的重要保障。山西省气象局大力加强法制建设，健全气象法律法规体系，先后出台多部条例和办法，规范气象法治环境，气象事业进入法治化发展轨道。

◀ 1998 年 9 月 29 日，山西省第九届人民代表大会常务委员会第五次会议审议通过《山西省气象条例》并颁布实施

2009 年 9 月《山西省气 ▶ 象灾害防御条例》颁布（图为新闻发布会现场）

2012 年 9 月 28 日，山西 ▶ 省人大审议通过《山西省气候资源开发利用和保护条例》

2019 年 6 月 19 日，山西 ▶
省成立气象标准化技术委
员会

◀ 2013 年 8 月 19 日，山
西省人大执法调研组在
长治组织气象法律法规
执法调研座谈会，省人
大副主任田喜荣（上图
中），农工委主任谢海（上
图右三），全国人大代
表申纪兰（上图左三）、
韩长安（上图右二）等
参加了座谈会

◀ 2013 年 8 月 21 日，山西省人大气象法律法规调研组在晋中调研时与全国人大代表郭凤莲（左二）座谈交流

2013 年 8 月 21 日，山西省人大副主任田喜荣（右三），全国人大代表郭凤莲（右二）等参加晋中气象执法检查座谈会 ▶

▲ 晋中市加强气象法规宣传工作，举办气象法律法规知识竞赛

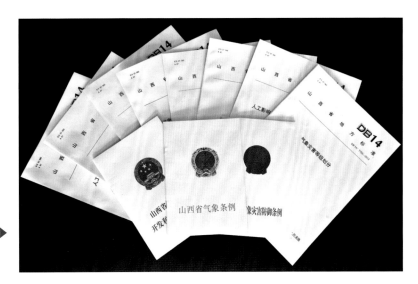

山西省出台的地方性气象 ▶
法规和标准

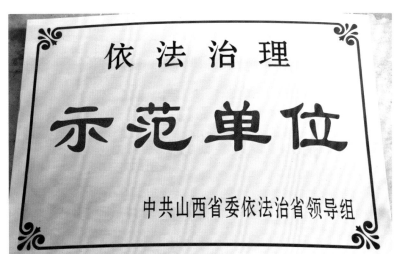

山西省气象局被授予依法 ▶
治理示范单位

精神文明建设篇

　　山西省气象局坚持"两手抓、两手都要硬"的战略方针，采取一系列重大举措，按照山西省直属机关精神文明建设委员会制定的《山西省直文明单位创建管理规定》，积极开展文明创建工作，着力深化群众性文明创建活动，完善精神文明管理机制，夯实文明创建工作基础，丰富文明创建载体，提升文明创建水平，气象文明创建工作取得丰硕成果，全省气象部门127个应创建文明单位，全部建成文明单位。

▲ 2002 年 3 月 29 日，山西省气象部门被命名为省级"文明系统、文明行业"。图为挂牌仪式

▲ 2008 年，山西省气象局着力加强气象防灾减灾能力建设，提升公共气象服务水平，强化气象应急体系建设和应急气象服务工作，为"转型发展、安全发展、和谐发展"，做出了积极贡献，被中华全国总工会授予"全国五一劳动奖状"

2019 年 5 月 5 日，山西省气候中心获得第 12 届"山西青年五四奖状"

2010 年 3 月，山西省气象局财务核算中心（中）荣获三八红旗集体荣誉称号

山西省气象局组织精神文明创建培训

山西省气象局组织精神文明 ▶
创建先进单位交流学习

◀ 2016 年 1 月，山西省气
象局团委召开团员大会

◀ 2016 年 4 月 22 日，山
西省气象局举办文化讲堂

▲ 2018 年 6 月 5 日，山西省气象局举办"中国梦·劳动美"演讲比赛

▲ 2018 年 7 月 26-27 日，山西省气象局举行学习党的十九大精神新党章新宪法知识竞赛

◀ 2018 年山西省气象局组织
春节团拜会

◀ 山西省气象局工会参加"三八"
国际劳动妇女节省女职工趣味
运动会比赛并获金奖

◀ 2019 年 5 月 27 日，山西
省气象局职工参加省直属
机关运动会

◀ 山西省气象局组织开展义务
植树活动

长治气象科技馆学雷锋志愿 ▶
服务站的志愿者们

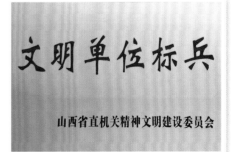